KB008119
엘리멘탈
5년 후 나에게 :
Q&A a day

FROM THE MOVIE

Disney · PIXAR

ELEMENTAL

1
JANUARY

"디숔, 영원한 빛은 없으니
빛날 때 만끽해야 해."

1

Can you tell me three things you really want to accomplish this year?

올해 꼭 이루고 싶은 세 가지를 말해줄래?

20

20

20

20

20

How do you feel when you wake up in the morning?

아침에 일어나면 어떤 기분이야?

20

20

20

20

20

3

What was your best thing of today?

오늘 하루 중에 가장 기분이 좋았던 일은 뭐야?

20

20

20

20

20

What would be the ideal hobby if you get one?

새로운 취미를 가진다면 어떤 게 좋을까?

20

20

20

20

20

5

Do you have your own pre-night habits?

밤에 자기 전 행하는 너만의 습관이 있니?

20

20

20

20

20

Who is the person you're most interested in these days?

요즘 네가 가장 관심을 가지고 있는 사람은 누구야?

20

20

20

20

20

JAN

7

What kind of music do you listen repeatedly?

최근에 계속 반복해서 듣는 음악은 뭐니?

20

20

20

20

20

If there are people who suddenly come to mind today, write them down.

오늘 갑자기 떠오른 사람들이 있다면 다 적어보자.

20

20

20

20

20

9

When your precious daily life returns,
where do you want to go?

너의 소중한 일상이 돌아오면, 어디로 떠나고 싶어?

20

20

20

20

20

What's the word of high frequency you've told in meeting people today?

오늘 사람들과 만나면서 가장 많이 쓴 말은 뭐야?

20

20

20

20

20

JAN

11

What is the conversation you usually have at lunch with your friends or co-workers?

친구나 동료들과 점심시간에 나누는 대화는 주로 어떤 거야?

20

20

20

20

20

Is there anyone you want to hear when you're sad or lonely?

슬프고 외로울 때 목소리를 듣고 싶은 사람이 있어?

20

20

20

20

20

13

Is there anyone you want to hug when you're happy?

기쁠 때 끌어안고 싶은 사람이 있어?

20

20

20

20

20

What do you want right now?

지금 가장 가지고 싶은 것은?

20

20

20

20

20

JAN

15

What is your favorite movie? Why?

너의 인생 영화는 뭐야? 그 이유는?

20

20

20

20

20

What is your favorite book? Why?

너의 인생 책은 뭐야? 그 이유는?

20

20

20

20

20

17

What is the best thing you've ever bought in two months?

두 달 동안 산 것 중에서 가장 마음에 드는 물건은?

20

20

20

20

20

What does home mean to you?

집이란 너에게 어떤 의미야?

20

20

20

20

20

JAN

19

What is your favorite food these days?

요즘 네가 가장 많이 먹는 음식은?

20

20

20

20

20

20 JAN

What would you most like to hear before you go to bed tonight?

오늘 밤 잠들기 전에 어떤 말을 가장 듣고 싶어?

20

20

20

20

20

JAN

21

Do you have your own food for healing?

너만의 힐링 푸드는?

20

20

20

20

20

Sum up your TODAY in three words.

오늘을 세 단어로 정리해보면?

20

20

20

20

20

JAN

23

What city do you want to visit the most?

가장 가보고 싶은 도시는 어디야?

20

20

20

20

20

What kind of person do you want to be remembered by others?

다른 사람에게 어떤 사람으로 기억되고 싶어?

20

20

20

20

20

25

What is your current job?

현재 너의 직업은 뭐야?

20

20

20

20

20

Who spent the most time with you in a week?

일주일 동안 너랑 가장 많은 시간을 보낸 사람은 누구야?

20

20

20

20

20

27

What was your most grateful thing today?

오늘 하루, 가장 감사했던 일은?

20

20

20

20

20

Can you tell me the most memorable sentence in the last book you read?

마지막으로 읽은 책 속에서 가장 기억에 남는 문장을 알려줄래?

20

20

20

20

20

JAN

29

Is there anyone you trust or depend on?

네가 믿고 의지하는 사람이 있어?

20

20

20

20

20

30 JAN

What city do you want to live in a month?

'한 달 살기'를 하고 싶은 도시는 어디야?

20

20

20

20

20

JAN

31

Who's the person you feel most about these days?

최근 가장 마음이 쓰이는 사람은 누구야?

20

20

20

20

20

2

FEBRUARY

"화내는 것도 나쁜 건 아냐, 화가 날 때 난 이렇게 생각해.
마음의 소리를 들을 준비가 안 돼서라고."

1

FEB

Describe your favorite sky!

가장 좋아하는 하늘을 묘사해줘!

20

20

20

20

20

2

FEB

What's your way of relieving stress?

스트레스를 해소하는 너만의 방법은?

20

20

20

20

20

3

Tell me your plan for tomorrow.

내일의 계획을 들려줘.

20

20

20

20

20

4

FEB

What makes you the saddest lately?

최근에 가장 너를 슬프게 했던 일은 뭐야?

20

20

20

20

20

5

Where do you feel most comfortable?

네가 가장 편안함을 느끼는 장소는 어디야?

20

20

20

20

20

What kind of life do you want to live?

어떤 삶을 살고 싶어?

20

20

20

20

20

7

FEB

What color do you like the most?

어떤 색깔을 가장 좋아해?

20

20

20

20

20

8

FEB

When is the best time for concentration in a day?

하루 중 집중이 가장 잘 되는 시간은 언제야?

20

20

20

20

20

9

FEB

What was the most healthy day of the week?

지난 일주일 중에
가장 컨디션이 좋은 요일이 언제였어?

20

20

20

20

20

Can you describe the most memorable scene of today?

오늘 하루 중 가장 기억에 남는 장면이 있다면 묘사해줄래?

20

20

20

20

20

11

FEB

Which word do you think best represents you?

어떤 단어가 가장 너를 잘 표현한다고 생각해?

20

20

20

20

20

12

FEB

Have you ever overcome your fear and challenged something?

두려움을 극복하고 뭔가에 도전한 일이 있어?

20

20

20

20

20

13

FEB

What's the current profile picture?

현재 프로필 사진은 어떤 거야?

20

20

20

20

20

Did you give chocolate to someone today?
What does he/she mean to you?

오늘 누군가에게 초콜릿을 선물했어?
그 사람은 너에게 어떤 의미야?

20

20

20

20

20

15

What are you trying to do for tomorrow that is better than now?

지금보다 나은 내일을 위해서 어떤 일을 시도하고 있니?

20

20

20

20

20

Is there a moment in your life that you want to go back to?

지금까지의 인생에서 돌아가고 싶은 순간이 있어?

20

20

20

20

20

17

What is the greatest driving force in your life?

네 삶의 원동력은 뭐야?

20

20

20

20

20

18

FEB

Do you love yourself?

너 자신을 사랑하니?

20

20

20

20

20

19

FEB

Who do you envy the most now?

네가 지금 가장 부러워하는 대상은 누구야?

20

20

20

20

20

20

FEB

Do you think efforts can change things?

노력이 상황을 바꿀 수 있다고 생각해?

20

20

20

20

20

21

FEB

What was the most unjust and resentful thing you've been through lately?

최근에 겪은 가장 억울하고 분한 일은?

20

20

20

20

20

22

FEB

What kind of love do you want from now on?

앞으로 어떤 사랑을 하고 싶어?

20

20

20

20

20

23

What do you want to hear the most from someone you love?

사랑하는 사람에게 가장 듣고 싶은 말이 뭐야?

20

20

20

20

20

What kind of friend do you think is true?

네가 생각하는 참다운 친구는 어떤 사람이야?

20

20

20

20

20

25

FEB

What do you want to be in the eyes of others?

다른 사람들 눈에 어떻게 보이고 싶어?

20

20

20

20

20

What is your biggest weakness?

너의 가장 큰 단점은 뭐라고 생각해?

20

20

20

20

20

27

What is your greatest strength?

너의 가장 큰 장점은 어떤 거야?

20

20

20

20

20

28

FEB

Do you have your own jinx?

너만의 징크스가 있다면 소개해줄래?

20

20

20

20

20

FEB

29

What did you do today in leap month of every four years?

4년에 한 번 있는 오늘, 무엇을 하면서 보냈어?

20

20

20

20

20

3

MARCH

"내가 진짜 뭘 하고 싶었는지
나 자신에게 한 번도 물어보지 않았어."

1

Do you remember how many times
you laughed out loud today?

오늘 하루 크게 소리 내어 몇 번 웃었는지 기억해?

MAR

20

20

20

20

20

2

MAR

How many times you look at the sky today?

오늘 하루 하늘을 몇 번 올려다보았어?

20

20

20

20

20

3

Where do you want to go most now?

지금 가장 가고 싶은 장소는?

20

20

20

20

20

4

Tell me the lyrics that you like best.

좋아하는 노래 중 가장 좋아하는 가사를 알려줘.

20

20

20

20

20

5

What's in your image that
you don't want to change after decades?

10년, 20년, 30년이 지나도
변하지 않았으면 하는 네 모습에는 뭐가 있니?

20

20

20

20

20

Do you remember how many glasses of water you drank today?

오늘 하루 물을 몇 잔이나 마셨는지 기억나?

20

20

20

20

20

7

Do you think you're a perfectionist?

스스로 완벽주의자라고 생각해?

MAR

20

20

20

20

20

8

MAR

What do you think your lacking point?

너에게 부족한 것은 무엇이라고 생각해?

20

20

20

20

20

9

When was the last time you were angry?
What's the story?

최근에 가장 화가 났던 때는 언제야? 무슨 일로 그랬어?

20

20

20

20

20

10

Let's share thankful moment
even the very little things.

사소해도 좋아, 오늘 하루 감사했던 일을 찾아보자.

20

20

20

20

20

11

What was the happiest time of your life?

살아오면서 가장 행복했던 시간은?

20

20

20

20

20

What makes you feel good?

너를 즐겁게 해주는 것은 뭐야?

20

20

20

20

20

13

What do you do first when you wake up in the morning?

아침에 일어나서 가장 먼저 하는 일은?

20

20

20

20

20

14

When did you get the sense of achievement in recent years?

최근에 성취감을 느낀 것은 어떤 때였어?

20

20

20

20

20

15

What is the most difficult time in life so far?

지금까지의 인생에서 가장 힘들었던 시간은?

MAR

20

20

20

20

20

What do you want to hear the most today?

오늘 네가 가장 듣고 싶은 말은?

20

20

20

20

20

17

Do you ever feel lonely? When?

외롭다고 느낄 때가 있어? 언제 그렇니?

20

20

20

20

20

18

MAR

What is the most delicious food you can make?

네가 가장 자신 있게 만들 수 있는 요리는?

20

20

20

20

20

19

What is today's breakfast, lunch, and dinner menu?

오늘의 아침, 점심, 저녁 메뉴는?

20

20

20

20

20

Do you have a secret story for your eyes only?

아무에게도 말하지 않은 비밀 한 가지는?

20

20

20

20

20

21

Describe your hairstyle as romantic as possible now.

지금 네 헤어스타일을 가능한 한 낭만적으로 묘사해줘.

20

20

20

20

20

What is your favorite accessory?
How often do you wear it?

가장 좋아하는 액세서리는 어떤 거야?
얼마나 자주 착용해?

20

20

20

20

20

23

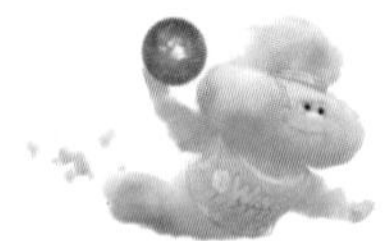

What do you think you can do to achieve your goal?

목표를 이루기 위해 무슨 일까지 할 수 있을 것 같아?

MAR

20

20

20

20

20

24

Are you a morning person or a night person?

너는 아침형 인간일까, 저녁형 인간일까?

20

20

20

20

20

25

What was the most demanding thing you've done this week?

이번 주에 가장 무리했던 일은 뭐였어?

20

20

20

20

20

26

MAR

If you buy a car, what kind of car do you want?

차를 산다면 어떤 차를 가지고 싶어?

20

20

20

20

20

27

Is there anyone you'll never be able to reconcile?
Why don't you make up?

평생 화해할 수 없을 것 같은 사람이 있어?
왜 화해할 수 없을 것 같아?

20

20

20

20

20

28

MAR

What is the most important value in your relationship?

네가 사람을 사귈 때 가장 중요하게 생각하는 가치는 뭐야?

20

20

20

20

20

29

MAR

If you give warm words to your best friend, what would you say?

친한 친구에게 따뜻한 말을 건넨다면,
무슨 말을 하고 싶어?

20

20

20

20

20

30

What is the most regrettable thing you've done for love?

사랑 때문에 저질렀던 가장 후회되는 일은?

20

20

20

20

20

31

Do you like to talk? or to listen?

평소 이야기하는 것을 좋아해?
아니면 듣는 것을 좋아해?

20

20

20

20

20

4

APRIL

"내가 그랬지? 넌 특별하다니까.
네 빛이 일렁일 때 정말 좋더라."

1

What do you think when you see the cheerry-blossom?

벚꽃을 보면 어떤 생각이 들어?

APR

20

20

20

20

20

2

Is there a travel destination you want to go alone?

혼자 떠나고 싶은 여행지가 있어?

20

20

20

20

20

3

What do you remember today?

오늘 있었던 일 중 무엇이 기억에 남아?

APR

20

20

20

20

20

4

What do you want to say to yourself now?

지금 스스로에게 해주고 싶은 말은?

APR

20

20

20

20

20

5

Who was the first person you met today?

오늘 가장 먼저 만난 사람은 누구야?

APR

20

20

20

20

20

6

Who do you want to go with if you go on a trip?

여행을 떠난다면 누구랑 같이 가고 싶어?

20

20

20

20

20

7

If you could make a law, what kind of law would you like to make?

네가 법을 만들 수 있다면 어떤 법을 만들고 싶어?

APR

20

20

20

20

20

8

Can you give up everything else to get something?
So what is it?

어떤 것을 얻기 위해 다른 모든 것을 포기할 수 있을까?
그렇다면 그건 무엇일까?

20

20

20

20

20

9

Do you have a motto?

좌우명이 있어?

APR

20

20

20

20

20

10

Was there anything you couldn't have even tried?

노력해도 가질 수 없었던 것이 있었어?

20

20

20

20

20

11

What do you want to try out the most this year?

올해 안에 가장 도전해보고 싶은 것은 뭐야?

APR

20

20

20

20

20

12

What is the most memorable passage you've read recently?

최근에 읽은 책 중 기억나는 구절은?

20

20

20

20

20

13

What can't you endure?

네가 도저히 참을 수 없는 것은?

APR

20

20

20

20

20

14

Is there something you want to fix?

고치고 싶은 부분이 있어?

20

20

20

20

20

15

What was your most frequent drink in a month?

한 달 동안 가장 자주 마신 음료는 뭐였어?

APR

20

20

20

20

20

16

What if you describe your favorite scent in more than two sentences?

가장 좋아하는 향기를 두 문장 이상으로 설명한다면?

20

20

20

20

20

17

How do you think the happiest way to leave this world?

이 세상을 떠날 때 어떻게 떠나는 게
가장 행복한 거라고 생각해?

20

20

20

20

20

18

If there's someone you're most sorry about right now, who is it?

지금 가장 미안하게 생각되는 사람이 있다면 누구야?

20

20

20

20

20

APR

19

What's the last movie you watched?

가장 최근에 본 영화는 뭐야?

APR

20

20

20

20

20

20

What's the keyword you search most these days?

요즘 가장 많이 검색하는 키워드는 뭐야?

20

20

20

20

20

APR

21

Is there anyone you really want to meet
at the last moment of your life?

삶의 마지막 순간에 꼭 부르고 싶은,
만나고 싶은 사람이 있어?

20

20

20

20

20

Who did you have the best meal with?

가장 근사했던 식사는 어디서 누구와 함께한 자리였어?

20

20

20

20

20

23

Where is the most painful part of your body?

몸에서 가장 아픈 부위는 어디야?

20

20

20

20

20

How do you get over it when you're depressed?

우울할 때면 어떻게 극복해?

20

20

20

20

20

25

Name something you haven't used since you bought it.

구입한 뒤 한 번도 안 쓴 물건은 어떤 거야?

APR

20

20

20

20

20

26

Is there anything you cannot forgive?

이것만큼은 용서할 수 없다고 생각하는 게 있어?

20

20

20

20

20

APR

APR

27

What kind of flowers do you like?

요즘은 어떤 꽃을 좋아해?

20

20

20

20

20

Do you have anyone or situation that you're nervous about?

네가 긴장하는 상대나 상황이 있어?

20

20

20

20

20

29

How many people can meet you in casual attire?

편한 차림으로 만날 수 있는 사람이 몇이나 있어?

APR

20

20

20

20

20

30

Who comes to your mind first when you eat delicious food?

맛있는 음식을 먹을 때 가장 먼저 생각나는 사람은 누구야?

20

20

20

20

20

FROM THE MOVIE
Disney · PIXAR
ELEMENTAL

5

MAY

"왜 남이 정한 대로
살려고 해?"

1

What was the most recent call you received?

가장 최근에 받은 전화는 어떤 거였어?

20

20

20

20

20

2

What time did you get up this morning?
Why was it that time?

오늘 아침에 몇 시에 일어났어? 왜 그 시간이었어?

20

20

20

20

20

3

How many things can you do at once?

한 번에 몇 개의 일을 처리할 수 있어?

20

20

20

20

20

4

What was the most interesting thing that happened on the trip?

여행지에서 생겼던 가장 재미있었던 일은 뭐였어?

20

20

20

20

20

MAY

5

What was the gift you most wanted to receive in your childhood?

어렸을 때 가장 받고 싶었던 선물은 뭐였어?

20

20

20

20

20

Why do you think your existence is so special?

네 존재가 특별한 이유는 뭐라고 생각해?

20

20

20

20

20

7

What was the most memorable gift?

가장 기억에 남는 선물은 뭐였어?

20

MAY

20

20

20

20

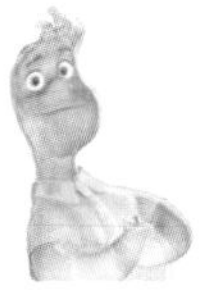

8

When was the last time you had a meal with your parents?

가장 최근에 부모님과 식사한 때는 언제야?

20

20

20

20

20

MAY

9

Do you have any musical instruments that you can play?
If not, what kind of instrument you want to learn?

연주할 수 있는 악기가 있어?
혹시 없다면 어떤 악기를 배우고 싶어?

20

20

20

20

20

What's the oldest present you have and who gave it to you?

가지고 있는 것 중에 가장 오래된 선물은 뭐고 누가 준 거야?

20

20

20

20

20

11

What's the maximum amount you can spend per day?

하루에 쓸 수 있는 최대 금액은 얼마야?

20

20

20

20

20

12

Describe the clothes you're wearing today!

오늘 입은 옷을 설명해줘!

20

20

20

20

20

13

When did you go to bed yesterday?

어제 몇 시에 잠자리에 들었어?

20

MAY

20

20

20

20

14

Write down the title of the most important news you've ever read today.

오늘 읽은 뉴스 중 가장 중요한 뉴스의 제목을 적어봐.

20

20

20

20

20

15

Is there anything you really want to say to your parents?

부모님에게 꼭 하고 싶은 말이 있다면?

20

20

20

20

20

MAY

Has anyone ever made something for you?

누군가가 너를 위해 무언가를 직접 만들어준 적이 있어?

20

20

20

20

20

17

What is your favorite sport?

네가 가장 좋아하는 운동은 뭐야?

20

MAY

20

20

20

20

What kind of animal do you like as a pet?

반려동물을 기른다면 어떤 동물이 좋아?

20

20

20

20

20

19

If you were an animal, what kind of animal is it?

네가 동물이라면 어떤 동물일까?

20

20

20

20

20

MAY

20

Who's the most different from your first impression among the people around you?

네 주변 사람들 중 첫인상과 가장 다른 사람은 누구야?

20

20

20

20

20

21

When was the last time you exercised
until you were out of breath?

마지막으로 숨이 헉헉댈 때까지 운동했던 건 언제야?

MAY

20

20

20

20

20

22

What's the most emphatic rejection you've made lately?

최근에 가장 단호하게 거절했던 일은 무엇이야?

20

20

20

20

20

23

What's the most expensive thing you have?

가지고 있는 물건 중에 가장 비싼 물건은 뭐야?

20

20

20

20

20

24

What's the biggest mistake you've made lately?

최근에 한 가장 큰 실수는 뭐야?

20

20

20

20

20

25

Can you tell me the most hasty decision you made and the result?

가장 성급한 결정을 내렸던 일과 그 결과를 알려줄래?

20

20

20

20

20

Can you find something good for
someone who isn't favorable to you?

네게 호의적이지 않은 사람에게도 좋은 점을 찾을 수 있을까?

20

20

20

20

20

27

What job is the best for you?

네가 생각하는 꿈의 직장은 어디야?

20

20

20

20

20

Is there any new field that you've been interested in lately?

최근 새롭게 흥미를 느끼게 된 분야가 있어?

20

20

20

20

20

31

What's the most pleasant word you've heard recently?

최근에 들었던 말 중 가장 기분 좋은 말은?

20

MAY

20

20

20

20

6
JUNE

"넌 내게 다른 사람들이 인생을 바쳐
찾고자 하는 것을 알려줬잖아."

1

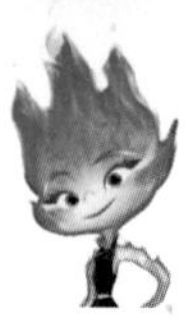

What's the only reason that delighted today?

오늘 하루를 기쁘게 만든 한 가지는 뭐야?

20

20

20

20

20

2

What is your biggest worry now? Why are you worried?

지금 너의 가장 큰 고민은 뭐야? 왜 고민하고 있니?

20

20

20

20

20

JUN

3

Does anyone make you feel awkward of uncomfortable at home or work?

가족이나 직장에 어색하고 불편한 사람이 있어?
왜 그 사람이 불편할까?

20

20

20

20

20

4

Can you write down the first sentence of page 105 of the nearest book?

가장 가까이에 있는 책의 105쪽 첫 문장이 뭔지 적어줄래?

20

20

20

20

20

5

What is the most frequently used App these days?
How often do you use a week?

요즘 가장 자주 사용하는 앱(App)은 어떤 거야?
일주일에 얼마나 사용해?

20

20

20

20

20

Tell me your 3 favorite words!

가장 사랑하는 단어 3가지를 알려줘!

20

20

20

20

20

7

How many times have you stayed up all night in half a year? Why did you stay up all night?

반년 동안 밤을 새운 적이 몇 번이나 있어?
왜 밤을 새워야 했어?

20

20

20

20

20

8

What was the content of the mail or text message that required the biggest courage before sending?

보내기 전에 가장 큰 용기가 필요했던
메일이나 문자는 어떤 내용이었어?

20

20

20

20

20

9

Have you ever thought that you shouldn't be like this?

이대로면 안 된다는 생각이 들었던 적이 있어?

20

20

20

20

20

10

Do you know how much your property is?

너의 전 재산이 얼마인지 알고 있니?

20

20

20

20

20

11

What was the most embarrassing thing that happened this year?

올해 있었던 가장 당황스러운 일은 뭐였어?

20

20

20

20

20

12

Do you have a place that comes to mind when it rains?

비가 내리면 떠오르는 장소가 있어?

JUN

20

20

20

20

20

13

What is your MBTI?

너의 MBTI는 뭐야?

20

20

20

20

20

14

What was it that you didn't regret after you threw it away?

버리고 나서도 후회하지 않았던 것은 뭐였어?

20

20

20

20

20

15

Can you describe the color of the ocean rising in your head right now?

지금 떠오르는 바다의 색깔을 묘사해줄래?

20

20

20

20

20

What movie did you see more than twice? For what reasons?

두 번 이상 본 영화는 어떤 거야? 이유는 뭐였어?

20

20

20

20

20

17

From where do you usually get information if you have a question?

궁금한 게 생겼을 때 주로 어디서 정보를 얻어?

20

20

20

20

20

JUN

18

What is your favorite food?

네가 가장 좋아하는 음식은 뭐야?

20

20

20

20

20

19

What word would best describe you?

너와 가장 잘 어울리는 단어를 하나 골라본다면?

20

20

20

20

20

20

Have you ever regretted after you spent the money?

돈을 쓰고 나서 아까웠던 적이 있어?

20

20

20

20

20

21

I wonder how often you spend your time alone.

혼자만의 시간을 얼마나 자주 갖는지 궁금해.

20

20

20

20

20

22

If you could be someone else for just one day, who would you be?

단 하루만 다른 사람이 될 수 있다면 누가 되고 싶어?

20

20

20

20

20

23

What makes you go to see a doctor recently?

가장 최근에 병원에 갔던 이유는 뭐였어?

20

20

20

20

20

24

Do you have any medicine or nutritional supplements?

챙겨 먹는 약이나 영양제가 있어?

20

20

20

20

20

25

How long can you wait for someone else?

얼마나 오랫동안 다른 사람을 기다릴 수 있니?

20

20

JUN

20

20

20

26

Among your friends, who lives the furthest?

가장 멀리 사는 친구는 누구야?

20

20

20

20

20

27

What was the most expensive ticket you bought?

가장 비싸게 주고 산 입장권이나 티켓은 무엇이니?

20

20

20

20

20

Where was your last destination for trip?
What kind of transportation did you use?

가장 최근에 떠난 여행지는 어디였어?
어떤 교통수단을 이용했니?

20

20

20

20

20

29

The mountain vs the sea, the countryside vs the city,
Where would you like to go on a trip?

산 VS 바다, 시골 VS 도시. 여행을 떠난다면 어디가 좋아?

20

20

20

20

20

30

Who will be the one if you love only one person in your whole life?

평생 한 사람만 사랑한다면 누구일 것 같아?

20

20

20

20

20

JUN

FROM THE MOVIE

Disney · PIXAR

ELEMENTAL

7

JULY

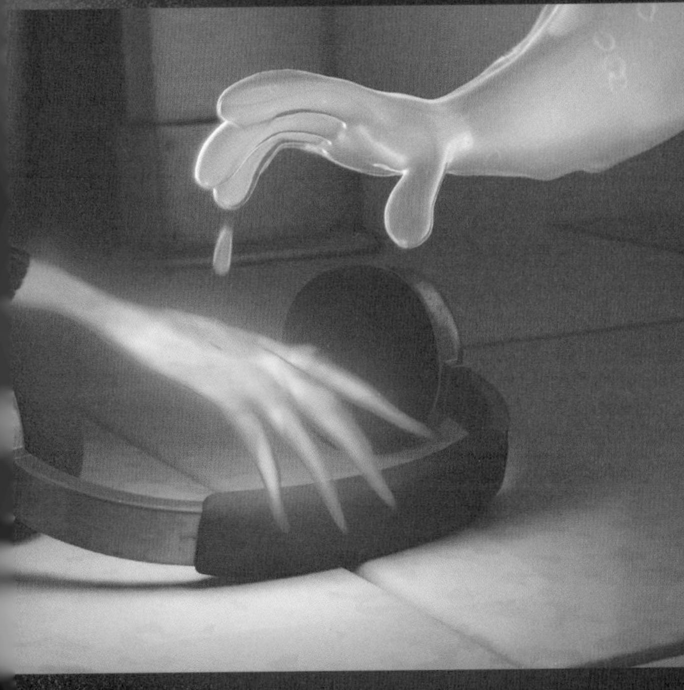

"우린 서로를 만졌고. 그때 우리 안에서 일어났지…
불가능한 일이. 우린 서로의 성질을 바꿨어."

1

What was the most useless gift you've ever received?

여태껏 받았던 것 중 가장 쓸모없었던 선물은 뭐였어?

20

20

20

20

20

2

What was your warmest memory of childhood?

어린 시절을 떠올릴 때 가장 포근했던 기억은 뭐야?

20

20

20

20

20

JUL

3

What was your first experience recently?

최근에 처음으로 경험한 일은 뭐야?

20

20

20

20

20

4

What was it that you should have given up on in your life so far?

지금까지의 인생에서 포기했어야 했던 것은 뭐였어?

20

20

20

20

20

5

What does abundance in your life mean?

네가 원하는 풍요로움은 어떤 거야?

20

20

20

20

20

6

If you were a season, what would you be?

네가 계절이 된다면 어떤 계절이 되고 싶어?

20

20

20

20

20

7

What was the most romantic idea you ever had?

가장 낭만적인 상상은 뭐였어?

20

20

20

20

20

JUL

8

Have you ever imagined how you would feel
if you were as beautiful as a goddess?

신처럼 아름답다면 기분이 어떨지 상상해본 적 있어?

20

20

20

20

20

9

If you changed your name, which one is for you?

이름을 바꾼다면 어떤 이름으로 바꾸고 싶어?

20

20

20

20

20

10

What kind of adversity do you think you should overcome?

헤쳐나가야 할 네 몫의 역경이 있니?

20

20

20

20

20

JUL

11

What do you do when you feel an irresistible temptation?

참기 힘든 유혹을 느낄 땐 어떻게 해?

20

20

20

20

20

12

If you could be a star, what kind of star would you be?

별이 될 수 있다면 어떤 별이 되고 싶어?

20

20

20

20

20

13

What's the most awesome book title you've ever read?

여러 번 본 책 제목은 뭐야?

20

20

20

20

20

14

How do you feel when you think of tomorrow?

내일을 생각하면 어떤 기분이 들어?

20

20

20

20

20

JUL

15

What's the good thing about being your age now?

지금 나이가 되어서 좋은 점은 뭐가 있을까?

20

20

20

20

20

Have you ever forgiven someone?

누군가를 용서해본 적이 있어?

20

20

20

20

20

17

Can you tell me if there's a little romance you've got?

너만이 가진 작은 낭만이 있다면 알려줄래?

20

20

20

20

20

18

What did you have for dinner tonight?

오늘 저녁은 뭘 먹었어?

20

20

20

20

20

JUL

19

Do you have your own route for a walk?

너만의 산책 코스가 있어?

20

20

JUL

20

20

20

20

Do you have your own methods for good memory?

기억을 잘하기 위한 너만의 비법이 있어?

20

20

20

20

20

21

Do you have a gift only for yourself?

너 스스로에게 주고 싶은 선물이 있어?

20

20

20

20

20

JUL

22

What's the last thing on your check list
before you go on a trip?

여행을 떠나기 전에 가장 마지막으로 체크하는 건 뭐야?

20

20

20

20

20

23

Did you learn anything new today?

오늘 새롭게 배운 게 있어?

20

20

20

20

20

JUL

24

When did you dance last time?

가장 마지막으로 춤춘 건 언제였어?

20

20

20

20

20

JUL

25

Your greatest strength is that you are unique! Isn't it?

너의 가장 큰 장점은 유일무이하다는 거야! 맞지?

20

20

20

20

20

JUL

26

What type of person do you like?

너는 어떤 타입의 사람을 좋아해?

20

20

20

20

20

JUL

27

Have you ever traveled alone?

혼자서 여행을 가본 적이 있어?

20

20

JUL

20

20

20

28

When was the last time you had a late night snack?

마지막으로 야식을 먹은 건 언제야?

20

20

20

20

20

29

Do you have anyone you respect?

존경하는 사람이 있어?

20

20

20

20

20

30

Do you know the bestselling book of the year?

올해의 베스트셀러를 알고 있어?

20

20

20

20

20

31

Do you have any period in your life you want to erase?

인생에서 가장 지우고 싶은 때가 있니?

20

20

20

20

20

8

AUGUST

"시간은 영원히
기다려주지 않으니까."

1

What do you think of the ideal type?

네가 생각하는 이상형의 모습은?

20

20

20

AUG

20

20

2

What is your first priority when choosing something?

무언가를 선택할 때 가장 우선적으로 생각하는 것은 뭐야?

20

20

20

20

20

3

Is what you're doing now what you most wanted to do?

네가 지금 하고 있는 일이 가장 하고 싶은 일이야?

20

20

20

20

20

Tell me your favorite word and what it means.

네가 좋아하는 단어와, 그 뜻은 무엇인지 말해줘.

20

20

20

20

20

5

If you say "I love you" to someone today,
Who do you want to do that to?

오늘 누군가에게 사랑한다고 말해준다면,
누구에게 그러고 싶어?

20

20

20

20

20

Who do you think understands you best?

너를 가장 잘 이해해주는 사람은 누구라고 생각해?

20

20

20

20

20

AUG

7

What do you do when you feel stuffy?

마음이 답답할 때 어떻게 해?

20

20

20

20

20

8

Just tell me three of your strengths.

네가 생각하는 너의 장점을 세 가지만 이야기해줘.

20

20

20

20

20

9

Just tell me three of your shortcomings.

네가 생각하는 너의 단점을 세 가지만 이야기해줘.

20

20

20

AUG

20

20

10

Last night, what did you think in the bed?

지난 밤, 자기 전에 어떤 생각을 하면서 잠들었어?

20

20

20

20

20

11

Is there something you really want to protect?

꼭 지키고 싶은 무언가가 있어?

20

20

20

AUG

20

20

12

Do you have any special way to spend Friday or Saturday?

금요일이나 토요일을 보내는 특별한 방법이 있니?

20

20

20

20

20

AUG

13

Do you have a book of movie that you couldn't finish?

읽다가 포기한 책이나 영화가 있어?

20

20

20

AUG

20

20

14

What do you regret that you haven't done it as a teenager?

10대에 해보지 않아서 후회되는 일은 뭐가 있을까?

20

20

20

20

20

AUG

15

Who are you living with now?

지금 누구랑 같이 살고 있어?

20

20

20

AUG

20

20

16

Where do you go frequently these days?

요즘 가장 자주 가는 공간은 어디야?

20

20

20

20

20

AUG

17

How many friends do you have to be open-minded?

속마음을 털어놓는 친구가 몇 명 있어?

20

20

20

20

20

AUG

18

What do you want to say to yourself at the age of 20?

스무 살의 너에게 하고 싶은 말은?

20

20

20

20

20

AUG

19

What's in your bag now?

지금 네 가방 속에 들어 있는 것들은?

20

20

20

20

20

AUG

20

What job you want to get?

네가 동경하는 직업이 있어?

20

20

20

20

20

AUG

21

Is there anyone you admire?

네가 동경하는 사람이 있어?

20

20

20

20

20

22

What's the most regrettable act you've ever done to someone you love?

사랑하는 사람에게 했던 가장 후회스러운 행동은 뭐야?

20

20

20

20

20

AUG

23

Do you have a habit of sticking out when you're nervous?

긴장할 때 튀어나오는 버릇이 있어?

20

20

20

20

20

AUG

24

To whom you wrote letter by hand recently?

마지막으로 쓴 손 편지의 상대는 누구야?

20

20

20

20

20

AUG

25

If you have superpowers, what would you like to have?

만약 초능력을 가지게 된다면 어떤 능력을 가지고 싶어?

20

20

20

AUG

20

20

26

Has anyone been kind to you today?

오늘 너에게 친절히 대해준 사람이 있어?

20

20

20

20

20

AUG

27

What was the funniest play in your childhood?

어린 시절 가장 재미있게 했던 놀이는?

20

20

20

20

20

AUG

28

What was the happiest thing in the day?

오늘 하루 가장 행복했던 일은?

20

20

20

20

20

29

Do you have a habit that you can't fix?

고치고 싶은데 못 고치고 있는 습관이 있어?

20

20

20

AUG

20

20

30

What's the best dish you can cook?

네가 가장 잘하는 요리는 뭐야?

20

20

20

20

20

AUG

31

What do you think of a romantic life?

낭만적인 삶이란 무엇이라고 생각해?

20

20

20

20

20

9

SEPTEMBER

"우리가 안 되는 이유는 백만 가지지만,
나는 널 사랑해."

1

Where do you live when you are sixty?

예순 살이 되었을 때 너는 어디에서 살고 있을까?

20

20

20

20

20

2

What do you want to cut off the most from your life?

네 삶에서 가장 끊어내고 싶은 것이 있다면?

20

20

20

20

20

3

Who was the first gift you bought this year for?

올해 처음 산 선물은 누구를 위한 거였어?

20

20

20

20

20

4

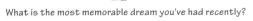

What is the most memorable dream you've had recently?

최근 꾼 꿈 중에서 가장 기억에 남는 내용은 뭐야?

20

20

20

20

20

5

What do you think happiness is?

행복이란 뭐라고 생각해?

20

20

20

20

20

If you could go back 30 minutes, when would you go back?

과거로 30분만 돌아갈 수 있다면 언제로 돌아갈 거야?

20

20

20

20

20

7

What is the best way to spend 50,000 won?

5만 원을 가장 잘 쓰는 방법은 무엇일까?

20

20

20

SEP

20

20

8

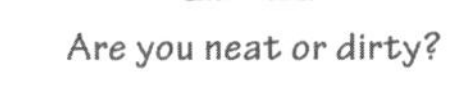
Are you neat or dirty?

깔끔한 편이야, 지저분한 편이야?

20

20

20

20

20

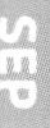
SEP

9

Who made you laugh today?

오늘 너를 웃게 한 존재는 누구야?

20

20

20

20

20

10

Let's express myself in color today.

오늘의 나를 색으로 표현해보자.

20

20

20

20

20

SEP

11

What was the worst lie you ever told?
How it finished?

네가 한 거짓말 중 가장 최악의 결과를 가져온 건 뭐였어?

20

20

20

SEP

20

20

12

What is your least favorite housework and your favorite housework?

가장 하기 싫은 집안일과 가장 좋아하는 집안일이 뭐야?

20

20

20

20

20

13

Let's write down what's in your wallet now.

지금 지갑 속에 들어 있는 것들을 적어보자.

20

20

20

20

20

SEP

14

What's the status of your room or your house now?

지금 네 방이나 집의 상태는 어때?

20

20

20

20

20

SEP

15

Do you know what your health is like now?

자신의 건강이 지금 어떤 상태인지 알고 있어?

20

20

20

20

20

SEP

16

When was the last time you cried?

마지막으로 울었던 때는 언제였어?

20

20

20

20

20

17

What do you want to say to yourself now?

지금 스스로에게 무슨 말을 해주고 싶어?

20

20

20

20

20

SEP

18

Where do you spend the longest time in a day?

하루에 가장 오래 시간을 보내는 곳은 어디야?

20

20

20

20

20

19

Can you describe your life by one word?

오늘까지의 네 삶을 한 마디로 정리해보면 어때?

20

20

20

20

20

SEP

20

Who's the closest person in your family?

가족 중 가장 가까운 사람은 누구야?

20

20

20

20

20

SEP

21

Waiting for something to make you happy?

어떤 걸 기다리는 시간이 제일 행복해?

20

20

20

20

20

SEP

22

How do you feel when you visit a new place?

새로운 장소를 방문하면 어떤 느낌이 들어?

20

20

20

20

20

23

What is my own healing routine?

나만의 힐링 루틴을 찾아볼까?

20

20

20

20

20

What's the worst things that could happen today?

오늘 일어날 수 있는 가장 최악의 일은 뭐야?

20

20

20

20

20

25

Usually you talk or listen?

대화할 때 말하는 편이야, 듣는 편이야?

20

20

20

20

20

26

What's your special ability?

네가 가장 잘하는 건 뭐야?

20

20

20

20

20

SEP

27

Does people you found attractive have commonalities?

네가 매력적이라고 생각하는 사람들에게 공통점이 있다면?

20

20

20

20

20

SEP

28

Does people you don't want to get close
have commonalities?

네가 가까워지고 싶지 않은 사람들에게 공통점이 있다면?

20

20

20

20

20

29

Who was your first love?

첫사랑은 어떤 사람이었어?

20

20

20

20

20

30

Which café do you go often and why?

자주 가는 카페와, 그곳을 자주 찾는 이유는?

20

20

20

20

20

SEP

FROM THE MOVIE

Disney·PIXAR

ELEMENTAL

10

OCTOBER

"앰버, 이 가게는 내 꿈인 적 없어. 네가 내 꿈이었지.
언제나 그랬단다."

1

What would you do first if you were lost in a strange place?

낯선 곳에서 길을 잃었다면 가장 먼저 뭘 할 것 같아?

20

20

20

20

20

OCT

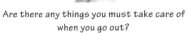

2

Are there any things you must take care of when you go out?

외출할 때 꼭 챙겨야 하는 것들이 있어?

20

20

20

20

20

3

Waiting for something to make you happy?

어떤 걸 기다리는 시간이 제일 행복해?

20

20

20

20

20

OCT

Describe today's autumn!

오늘의 가을을 묘사해줘!

20

20

20

20

20

5

What's your favorite TV show right now?

현재 가장 좋아하는 TV프로그램은 뭐야?

20

20

20

20

20

6

Have you ever had an experience that your imagination came true?

상상이 현실이 된 경험을 한 적 있어?

20

20

20

20

20

OCT

7

Can you rename the place you are now imaginatively?

지금 네가 있는 장소의 이름을
상상력이 들어간 이름으로 고쳐본다면?

20

20

20

20

20

OCT

8

What's the meaning of love me?

나를 사랑한다는 것은 무엇일까?

20

20

20

20

20

9

Can you really say to you 'Good Night' today?

오늘은 진심으로 'Good Night'이라고 말할 수 있어?

20

20

20

20

20

10

How do you deal with hard work which you are faced with?

힘든 일을 맞닥뜨렸을 때 어떤 마음으로 처리해?

20

20

20

20

20

OCT

11

If you love someone now,
what do you like most about him/her?

지금 사랑하는 사람이 있다면 그 사람의 어떤 점이 가장 좋아?

20

20

20

20

20

12

Do you have any favorite animal?

좋아하는 동물이 있어?

20

20

20

20

20

OCT

13

Do you have any favorite characters such as animation, movie, drama, novel?

애니메이션, 영화, 드라마, 소설 주인공 등
좋아하는 캐릭터가 있어?

20

20

20

20

20

14

What is the word 'success' means to you?

너에게 성공이란 어떤 거야?

20

20

20

20

20

OCT

15

Are there any celebrities you are interested in right now?

지금 관심 갖는 연예인이 있어?

20

20

20

20

20

OCT

16

How do you feel when you do everything you need to do?

해야 할 일을 다 하고 나면 어떤 기분이 드니?

20

20

20

20

20

17

How far do you plan your trip before you leave?

떠나기 전에 여행 계획을 어디까지 세워?

20

20

20

20

20

18

Who is your best friend?

가장 친한 친구는 누구야?

20

20

20

20

20

OCT

19

Do you tend to follow your heart
when making important decisions?

중요한 결정을 내릴 때 마음이 시키는 대로 따르는 편이야?

20

20

20

20

20

OCT

20

How do you respond when your friends or family are sad?

친구나 가족이 슬퍼할 때 어떻게 대응해?

20

20

20

20

20

OCT

21

What's your idea or plan that came into your head?

지금 머릿속에 떠오른 아이디어나 계획은 어떤 거야?

20

20

20

20

20

If I compare you to an animal, what animal is it like?

너를 동물에 비유하자면 어떤 동물에 가까울까?

20

20

20

20

20

23

How many times did you heard your name today?

오늘 너의 이름을 몇 번 들어봤어?

20

20

20

20

20

OCT

24

What's the biggest problem you have right now?

지금 가지고 있는 가장 큰 고민은 뭐야?

20

20

20

20

20

25

What's the biggest change that
ever happened to you in the past year?

지난 한 해 동안 너에게 있었던 가장 큰 변화는 뭐야?

20

20

20

20

20

OCT

Do you have something you like at first sight? What was it?

첫눈에 반했던 사물이 있어? 어떤 거였어?

20

20

20

20

20

27

Who is the hardest person you know to live with?

아는 사람 중에 가장 열심히 살고 있는 사람은 누구야?

20

20

20

20

20

OCT

28

If you die tomorrow, how would you like to spend today?

내일 죽는다면 오늘을 어떻게 보내고 싶어?

20

20

20

20

20

OCT

29

Let's express yourself in three words today.

오늘의 자신을 세 단어로 표현한다면?

20

20

20

20

20

30

What's the most uncomfortable thing you've been doing lately? What's going on?

최근에 가장 불안했던 일이 뭐야?
그 일은 지금 어떻게 되었어?

20

20

20

20

20

OCT

31

Is there anything you always carry around with you?

항상 몸에 지니고 다니는 물건이 있어?

20

20

20

20

20

11
NOVEMBER

"겁도 없이 너에게 뛰어들었고
우린 무지개를 만들었지."

1

What are the three things that you must put in your own space?

너만의 공간에 꼭 놓아두는 세 가지는 뭐야?

20

20

20

20

NOV

20

2

What are the three things you must take to the desert island?

무인도에 꼭 가져가야 할 세 가지는 뭘까?

20

20

20

20

20

NOV

3

Where was the last place you saw the sunrise?

마지막으로 일출을 본 곳은 어디였어?

20

20

20

20

20

4

Who did you meet most these days?
What were you doing when you met that person?

요즘 누구와 가장 많이 만나고 있어? 만나서 뭐 해?

20

20

20

20

20

NOV

5

What's in the bag you're holding?

지금 들고 있는 가방에는 뭐가 들어 있어?

20

20

20

20

20

You think you can tell exactly when you fall in love with?

사랑에 빠지는 순간을 정확히 알 수 있을까?

20

20

20

20

20

7

What kind of weather do you like?

어떤 날씨를 좋아해?

20

20

20

20

20

8

If you want to see someone now,
tell me his/her name and feel.

지금 누군가를 보고 싶다면, 그 사람의 이름과 느낌을 말해줘.

20

20

20

20

20

NOV

What kind of parent do you want to be?

어떤 부모가 되고 싶어?

20

20

20

20

NOV 20

How do you change when you love someone?

너는 누군가를 사랑할 때, 어떻게 변해?

20

20

20

20

20

11

Now, what's the consolation you need?

지금, 너에게 필요한 위로의 말은 뭐야?

20

20

20

20

20

NOV

12

Are you satisfied with your life now? If not, why?

지금 너의 생활에 충분히 만족해? 그렇지 않다면 이유는?

20

20

20

20

20

13

If you could see your future,
what age would you like to check out?

너의 미래를 미리 볼 수 있다면
몇 살 때의 너를 확인해보고 싶어?

20

20

20

20

20

NOV

14

Who makes you laugh the most these days?

요즘 너를 가장 많이 웃게 하는 사람은 누구야?

20

20

20

20

20

NOV

15

What would you like to do on a snowy day?

눈이 올 때 하고 싶은 걸 알려줘!

20

20

20

20

20

When you have a hard time, what do you think is the hope?

힘든 시기를 보낼 때, 희망이 되는 것은 뭐라고 생각해?

20

20

20

20

20

17

Is there a place where you go to cry alone?

혼자 울고 싶을 때 찾는 장소가 있어?

20

20

20

20

20

What would you like to do first if you won the lottery?

복권에 당첨된다면 가장 먼저 무엇을 하고 싶어?

20

20

20

20

20

19

When do you think it was a turning point in your life?

인생의 전환점이었다고 생각하는 때는 언제야?

20

20

20

20

NOV

20

20

Is there something you don't want to hear from someone else?

다른 사람에게 듣고 싶지 않은 말이 있다면?

20

20

20

20

20

21

What do you do usually when you are alone?

혼자 있을 때 주로 뭘 해?

20

20

20

20

20

22

Do you have a secret you haven't told anyone?

아무한테도 말하지 않은 비밀이 있어?

20

20

20

20

20

23

What title should be used if you write autobiography?

너의 인생을 책으로 쓴다면 제목은 무엇이 될까?

20

20

20

20

NOV

20

24

Is there anything that makes your heart beat?

요즘 너의 가슴을 뛰게 하는 일이 있어?

20

20

20

20

20

25

What's the most recent incident that embarrassed you?

최근에 가장 너를 당황하게 만든 사건은 뭐야?

20

20

20

20

NOV 20

26

What is the happiness?

행복이란 뭐라고 생각해?

20

20

20

20

20

NOV

27

How do you rate your life satisfaction?

현재 삶의 만족도를 별 다섯 개로 표현해줘!

20

20

20

20

20

28

What's a song you can't miss on your playlist?

플레이리스트에서 빠지지 않는 노래는 뭐야?

20

20

20

20

20

NOV

29

Which do you prefer, summer or winter?

여름이 좋아, 겨울이 좋아?

20

20

20

20

20

What do you want to do when the virgin snow comes?

첫눈이 오면 하고 싶은 일은?

20

20

20

20

20

FROM THE MOVIE
Disney · PIXAR
ELEMENTAL

12

DECEMBER

“너랑 함께 세상을 탐험하고 싶어, 웨이드 리플!
내 인생을 너와 함께하고 싶어. 영원히!”

1

When did you made someone cry recently?

누군가를 울린 기억이 있어?

20

20

20

20

20

2

If you were born again, what would you like to be?

다시 태어난다면 무엇으로 태어나고 싶어?

20

20

20

20

20

3

What would you like to do if you had free time for a day?

하루 동안 자유 시간이 주어지면 뭘 하고 싶어?

20

20

20

20

20

4

What is your favorite song these days?

요즘 가장 자주 듣는 노래는?

20

20

20

20

20

5

What is the most memorable conversation you had with your parents today?

오늘 부모님과 한 대화 중 기억에 남는 것은 뭐야?

20

20

20

20

20

How do you feel when you think of your first love?

첫사랑을 생각하면 어떤 감정이 떠올라?

20

20

20

20

20

7

What do you want to say to someone who hates you?

너를 미워하는 사람에게 어떤 말을 해주고 싶어?

20

20

20

20

20

8

Have you been deeply impressed lately?

최근에 크게 감동받은 적이 있어?

20

20

20

20

20

DEC

9

What would you like to do
if today was the last day of your life?

오늘이 인생 마지막 날이라면 무엇을 하고 싶어?

20

20

20

20

20

10

How would you like to write your first sentence
if you wrote your autobiography?

자서전을 쓴다면 첫 문장을 어떻게 쓰고 싶어?

20

20

20

20

20

11

Is there anyone you want to get closer to?

더 가까워지고 싶은 사람이 있어?

20

20

20

20

20

12

This year, Did you carry out your annual plan completelely or not?

올해 초 계획한 것들 중에서 이룬 것과 이루지 못한 것은 뭐야?

20

20

20

20

20

13

Have you ever talked to someone you've never seen before?

처음 보는 사람에게 무작정 다가가서
말을 걸어본 적이 있어?

20

20

20

20

20

14

What is your happiest way to spend the weekend?

주말을 보내는 너만의 가장 행복한 방법은?

20

20

20

20

20

DEC

15

Can you tell me about your favorite clothes?

네가 가장 좋아하는 옷에 대해 설명해줄래?

20

20

20

20

20

16

Have you ever had a blind date? How was the result?

소개팅을 해본 적이 있어? 결과는 어땠어?

20

20

20

20

20

17

Which animal do you want to raise, dog or cat?

강아지와 고양이 중에 기르고 싶은 동물은?

20

20

20

20

20

How are you feeling these days?

요즘 너의 컨디션은 어때?

20

20

20

20

20

19

Do you have any questions you would like to ask?

사람들한테 즐겨하는 질문이 있어?

20

20

20

20

20

20

If you could give yourself a nickname, what would it be?

네 별명을 스스로 붙여본다면?

20

20

20

20

20

21

What is your most favorite day of the year?

1년 중에 가장 좋아하는 날은?

20

20

20

20

20

22

What do you think is the condition of a good friend?

좋은 친구의 조건은 무엇이라고 생각해?

20

20

20

20

20

23

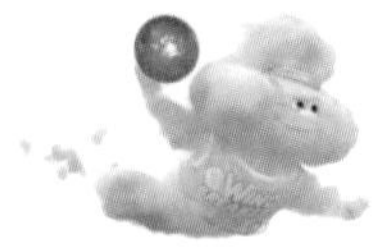

Are you in love with someone now?

지금 사랑하고 있어?

20

20

20

20

20

24

What gift do you most want to receive for Christmas day?

크리스마스에 받고 싶은 선물은 뭐야?

20

20

20

20

20

25

Merry christmas! How was your day today?

메리 크리스마스! 오늘 어떤 하루를 보냈니?

20

20

20

20

20

DEC

26

What was the most memorable day in this year so far?

올해 가장 기억에 남는 하루는 언제였어?

20

20

20

20

20

27

Where do you want to go when the first snow comes?

첫눈이 올 때 어디에 있고 싶어?

20

20

20

20

20

Tell three important jobs you have to finish this year.

올해 꼭 마무리해야 하는 일은 어떤 거야?

20

20

20

20

20

29

Write down three big things you must do next year.

내년에 해결해야 할 큰일 세 가지를 적어봐.

20

20

20

20

20

30

What is the luckiest thing in the year?

올해 가장 운이 좋았다고 생각하는 일은?

20

20

20

20

20

31

Write down your ten bucket lists.

너의 버킷리스트 10가지를 써봐.

20

20

20

20

20

DEC